からすのえんどう
3〜6がつ（②かん）

はるじおん
4〜7がつ（②かん）

かきつばた
5〜6がつ（③かん）

はまひるがお
5〜6がつ（③かん）

りゅうきんか
5〜7がつ（③かん）

みずばしょう
5〜7がつ（③かん）

あじさい
5〜7がつ（①かん）

のあざみ
5〜8がつ（②かん）

おらんだがらし
5〜8がつ（③かん）

監修のことば

花は　どうやって　さくのでしょうか？

まだ　花が　さくまえの　ようすは　「つぼみ」と　よばれます。

つぼみって　ふしぎです。

つぼみの中では　花を　さかせる　じゅんびを　しています。どんな　じゅんびを

しているのでしょう？　つぼみの中は　どうなっているのでしょう？

つぼみの　なかみを　見たくなりますが、じっと　花が　さくのを　まってあげましょう。

つぼみは、まいにち　まいにち　せいちょうして、だんだん　大きく　なっていきます。

いったい、どんな　花が　さくかな？　たのしみですね。

花に　いろいろあるように、つぼみにも　いろいろな　かたちや　いろが　あります。

さいている　花は　目立ちますが、つぼみは　あまり目立ちません。

つぼみのときから　かんさつして　みると、もっと　その花のことが

わかるかもしれません。もしかすると、あたらしい　はっけんが　あるかもしれません。

しょくぶつには、さまざまな　花が　あります。

どうして　いろいろな　花が　あるのでしょうか。

もしも、きいろい　花が　すぐれていると　したら、すべての　花は　きいろになって

しまうかもしれません。でも、じっさいには、どの花が　すぐれているのかは

きまっていないのです。きいろい　花も、白い　花も、ピンクの　花も、みんな　それぞれ

すぐれています。大きい　花も　小さい　花も、みんな　それぞれ　すぐれています。

どの花が　一ばんということは　ありません。どの花も　みんな　すぐれています。

だからこそ、しょくぶつの　つぼみは、まようことなく　じぶんの　花を　さかせるのです。

稲垣栄洋 (いながき ひでひろ)

1968年静岡県生まれ。静岡大学大学院教授。農学博士。専門は雑草生態学。岡山大学大学院修了後、農林水産省、静岡県農林技術研究所などを経て現職。「みちくさ研究家」としても活動し、身近な雑草や昆虫に関する著述や講演を行っている。著書に、『面白すぎて時間を忘れる雑草のふしぎ』(三笠書房《王様文庫》)、『世界史を変えた植物』(PHP文庫)、『はずれ者が進化をつくる』(ちくまプリマー新書)、『生き物の死にざま』(草思社)など多数。

つぼみのずかん
がっこうのまわりの はな

稲垣栄洋●監修

金の星社

きれいに　さいた　はなは、
どうやって　つぼみから　ひらくのでしょうか。
このほんでは、がっこうの　まわりの　はなの　つぼみと
さきかたを　しょうかいします。

ちいさくて
まるい　つぼみ

まわりが
ぎざぎざした
つぼみ

ほそながくて
さきが　ふとい
つぼみ

ほそながくて　とがった　つぼみです。
さきっぽが　ぎゅっと　ねじれていますね。

なんの　つぼみでしょう。

あさがおの
つぼみです。

はなは　うえから　みると
まるい　かたちで、
よこから　みると
らっぱのようです。

あさがおの　はな

4

あさがおは、 はるに
つちの なかの たねから
めを だします。
そして、ひものような つるを
ながく のばして、まわりの ものに
まきつけながら そだつのです。
なつに なると
つるの ところどころに
つぼみが できて、つぎつぎと
はなが さきます。
はなの いろは、
ぴんくや むらさきなど いろいろで、
はなの かたちや おおきさも、
たくさんの しゅるいが あります。

ぎゅっと ねじれた つぼみ

あさがおの つぼみは、
さきのほうの ねじれた ぶぶんを
ゆっくりと ほどいて、
おおきく ひらきます。
はなは あさはやくに さいて、
ごごには しぼみます。
いちど さいた はなは、
しぼんだら かれてしまいます。

すこしずつ ほどける つぼみ

5まいの はなびらが
くっついて、1まいに
みえる あさがおの はな

5

はなは　なんのために　さくの？

はなは　さいた　あとに　しぼみ、やがて　かれてしまいます。
かれてから　しばらくすると、　それぞれの　はなの　あとに
みが　できているのが　わかります。
みの　なかには、ちいさな　たねが　はいっていました。
たねからは　また　らいねん、あたらしい　めが　そだちますね。
はなが　さくのは、はなの　こどもである　たねを　つくるためなのです。

さきおわって　しぼんだ
あさがおの　はな

はなの　あとに　できた　み

かわいて　かたくなった
あさがおの　みと　たね

つちの　なかの　たねから　のびてきた　め

うすい　はなびらが　かさなるように　とじていますね。
さむい　きせつに　みかける、せの　ひくい　はなです。

なんの　つぼみでしょう。

ぱんじーの　つぼみです。

ぱんじーの　はな

つぼみが　ひらいた　ぱんじー

ぱんじーは、かさなって　とじている　はなびらが　おおきく　ひらきます。

ぱんじーには、とても　たくさんの
しゅるいが　あります。
はなびらの　かずは　5まいで、
それぞれ　かたちや　いろ、
もようが　ちがっています。
とても　さむさに　つよく、
あきから　つぎの　としの
はるまで、つぼみを　つけ、
たくさんの　はなを　さかせます。

いろいろな　いろと　もようの
ぱんじーの　はな

いくつもの　つぼみが　かたまって　くっついていますね。
ちいさくて　まるい　つぼみです。

なんの　つぼみでしょう。

すずらんの　つぼみです。

ちいさな　つぼみが、
くきに　ぶらさがるように　ならんで、
したを　むいて　はなが　ひらきます。

すずらんは、はるに　みられる
ちいさな　しろい　はなです。
ほそながくて　おおきな　2まいの
はに　かこまれた
1ぽんの　くきの　さきに、
10こほどの　つぼみを　つけます。

すずらんの　つぼみと　はな

すずらんの　はな

ひらいた　はなの　おおきさは
1せんちめーとるほどで、
すずのような　まるい　かたちです。
はなは、あまくて　よい
かおりが　します。
さきが　6つに　わかれて
ひらひらした　かたちの　はなびらです。

りょうてを　そっと　あわせたような
さきの　とがった　つぼみです。
はるに、1ぽんの　くきの　てっぺんに
1つの　おおきな　つぼみを　つけます。

　　　　　　　なんの　つぼみでしょう。

ちゅーりっぷの つぼみです。

はるに、あか、きいろ、しろなど、
いろいろな いろの はなが さきます。

ちゅーりっぷの つぼみは、はじめは
かたく とじていて、
いろは どれも みどりいろです。
つぼみは だんだん ふくらんで、
すこしずつ いろが かわってきます。
あかい いろの つぼみは、
あかい はなびらの
ちゅーりっぷに なるのです。
はなは あさに ひらいて、
さむくて くらい よるになると
とじてしまいます。

▲よこから みた ちゅーりっぷの はな
◀あかい はなを さかせる つぼみ

いろいろな いろの ちゅーりっぷの はな

ほそながい　はが　たくさん　のびています。

はに　まざって　さきっぽが　ふくらんで　みえるのが

つぼみです。

なんの　つぼみでしょう。

すいせんの　つぼみです。

さむい　きせつに　しろや　きいろの　よい　かおりの　はなを　さかせます。

すいせんは、はの　あいだから
はなの　さく　くきを　のばします。
くきの　さきに　ついた　つぼみが
まるく　ふくらんで　よこを　むくと、
はなが　さく　あいずです。
やがて　6まいの　はなびらが
ひらきはじめます。
すると、なかから　こっぷのような
かたちの　きいろい　はなびらも
あらわれるのです。
なかの　はなびらは
そとがわには　ひらきません。

よこを　むいて　ひらきはじめる　つぼみ

14

きに　さく　はなの　つぼみです。
はるに　なると、みんなが　きの　したで
おはなみを　たのしみます。

なんの　つぼみでしょう。

さくらの　つぼみです。

まだ　はが　でるまえに、
ぴんくいろの　はなを
びっしりと　さかせます。

16

ふゆの　さくらを　みると、
えだに　ちいさな　ちゃいろの　めが
たくさん　ついているのが　わかります。
めには、はなに　なる　めと、
はに　なる　めの　2しゅるいが　あります。
1つの　はなの　めの　なかで、
2つから　4つほどの　つぼみが　そだちます。
あたたかい　はるに　なると、
めから　つぼみが　のびてきて、
はなびらが　ひらくのです。

ふくらんできた
はなの　め

それぞれの　つぼみの
えが　のびて、
はなびらも　みえてきた。

そめいよしのの　はなびらは
5まいですが、
たくさんの　はなびらを　もつ
しゅるいも　あります。

◀がっこうや　こうえんで
　よく　みる　そめいよしの
　という　しゅるいの　さくら

つぎつぎに　はなが
さいていく。

17

はなの　なかに　あるのは　なに？

はなの　なかを　みると、ひげのようなものが　はえていますね。
なんぼんか　おなじ　かたちを　したものが　おしべです。
おしべの　かずは、しゅるいによって　ちがいます。
まんなかに　みえる　かたちの　ちがうものが　めしべです。
おしべと　めしべは、たねを　つくるために　なくてはならないものです。

さくらの　はな。おしべの　かずは
ふつう　30 ぽん　いじょう　ある。

おしべの　さきには、かふんの　はいった
ちいさな　ふくろが　ついています。
かふんが　めしべの　さきっぽに
つくと、めしべの　なかを　かふんが
とおって　ねもとに　はこばれて、
みが　できます。
そして、みの　なかで　たねが　つくられ
そだつのです。

うえから　みた　ちゅーりっぷの　はな

◀めしべを　とりかこむ
　6ぽんの　おしべ

ちいさな　つぼみが　たくさん　あつまっています。
あめが　よくふる　きせつに　はなを　さかせます。

なんの　つぼみでしょう。

あじさいの　つぼみです。

はるに、えだに　しげってきた　はの　ねもとに
ちいさな　つぶの　かたまりが　できます。
1つの　つぶが　1つの　はなの　つぼみです。

それぞれの　つぼみが　そだって　ひらくと、
はなの　かたまりは
20せんちめーとるほどの
おおきさに　なります。
まるで　はなで　つくった　ぼーるのようです。
はなの　いろは　はじめは　うすく、
さいてから　だんだん　こくなります。
じつは、はなびらのように　みえるものは
「がく」という、はが　かわったものなのです。

ちいさな　つぼみの　かたまり

さきはじめた　はな

あじさいの　はな

20

しげった　はの　うえに、
つんつんと　ほそながい　つぼみが　みえますね。
なつの　ゆうがたに、あかや　ぴんくなどの
はなが　さきます。

なんの　つぼみでしょう。

おしろいばなの　はな

おしろいばなの　つぼみです。

ほそながい　つぼみの　うえのほうが　まるく　ひらきます。
はなを　よこから　みると、らっぱのような　かたちです。

なかに　たねが　はいった　くろい　み

おしろいばなの　はなは
ゆうがたから　さきはじめて、
つぎの　ひの　ごぜんちゅうに　とじます。
はなびらは、あじさいと　おなじで
はが　かわったものです。
はなが　ひらくと、なかから
おしべと　めしべが　ながくのびてきます。

はなが　おちたあと、ねもとの　ふくらみが
くろい　みに　なります。

せの　たかい　はなです。

あつい　なつに、たいようのような

きいろい　おおきな　はなが　ひらきます。

なんの　つぼみでしょう。

ひまわりの　つぼみです。

ふとい　くきの　さきに、おおきさが
30 せんちめーとるほども　ある　はなが
さくことも　あります。

そろって　ひがしの　ほうこうを　むいて　さく　はな

つぼみは　そだってくると
よこを　むき、たいようの　うごきを
おいかけるように　むきを　かえます。
はなが　ひらくと、ひがしを　むいて
うごかなくなるのです。
じつは、1つの　おおきな　はなは、
2しゅるいの　ちいさな　はなの
あつまりです。
まわりに　ならぶ
きいろい　はなびらだけの　はなと、
まんなかに　びっしり　ならぶ
はなびらの　ない　はなです。

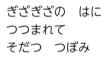

ぎざぎざの　はに
つつまれて
そだつ　つぼみ

さくときは、
はなびらが
1まいずつ
めくれていく。

24

ずいぶん　ほそながい　ぼうのような　すがたですね。
たくさんの　つぼみが　あつまって　さく　はなです。

なんの
つぼみでしょう。

るぴなすの　つぼみです。

るぴなすは、ちいさな　つぼみが　ながい　ほに、
まとまってつくのが　とくちょうです。

ひらいた　てのひらのような　はの　あいだから、
つぼみを　たくさん　つけた
ながい　ほが　のびていきます。
ほの　ながさは、５０せんちめーとる　いじょうに
なることも　あります。
はるから　なつに、はなは　したのほうから
じゅんばんに　さいていきます。
はなの　いろは、ぴんくや　むらさきなど
いろいろです。

るぴなすの　はな

したの　ほうから　さいていく　るぴなすの　はなの　ほ

26

なつから　あきに、
ぴんくや　しろの　はなを　さかせます。
ほそながい　はが　とくちょうです。

なんの　つぼみでしょう。

こすもすの　はな

こすもすの　つぼみです。

くきの　さきに、はなびらを
くしゃっと　ちぢめたように
とじた　まるい　つぼみを
つけます。

こすもすは、かたく　とじた
つぼみを　ほどくように
はなびらが　たいらに
ひらいて　いきます。

こすもすの　つぼみ

はなびらが　ひらきかけた　つぼみ

はなを　よくみると、8まいの　はなびらの　まんなかに
つぶつぶの　あつまりが　あります。
ひまわりと　おなじように、1つのはなが　2しゅるいの　はなで　できているのです。
まんなかの　つぶつぶの　はなの　かずだけ、たねが　できます。

28

ちょっと　ねじれて　さきっぽの　とがった
つぼみが　ついています。
さむい　きせつに　みられる　せの　ひくい　はなです。

なんの　つぼみでしょう。

しくらめんの　つぼみです。

しくらめんの　はな

はなの　いろは、あかや　ぴんく　しろなど　いろいろです。

こんもりと　しげる　かたい　はの　あいだから、つぼみを　つけた　くきが　つぎつぎと、

はを　おいこすように　たかく　のびてきます。

つぼみは、したを　むいています。

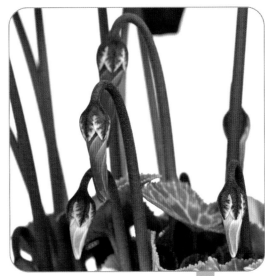

かたく　ねじれた
つぼみ。つぼみは、
したを　むいたままで
そだつ。

はなびらが　ひらきはじめた　つぼみ。
はなびらも　したを　むいている。

はなびらが　そりかえった　はな

はなびらは　ねじれた　ところを
ほどくように
したむきに　ひらきますが、
だんだん　うえに　むかって
そりかえっていきます。

学校のまわりに咲く花のつぼみを見てみよう

学校のまわりや庭や公園には、よく見かけて親しみのある色とりどりの花が咲いていますね。アサガオの花はラッパのような形をしています。チューリップの花はカップのような形です。アジサイは、小さな花がたくさんついています。

では、花が咲く前のつぼみの形はどうでしょうか。見たことがあるかもしれませんが、意外とつぼみの形を思い出せない花も多いのではないかと思います。

アサガオのつぼみは、1つにつながった花びらがつぼみの先から見て右巻きにねじれていて、ソフトクリームのような形をしています。このねじれがほどけるようにして花が咲きます。花の外側には「がく」が5枚、花の中心にはおしべが5本とめしべが1本あります。アサガオの花びらは1枚に見えますが、実は5枚の花びらが融合したものです。これを合弁花といいます。花びらが1枚ずつ離れているものは離弁花といいます。

チューリップのつぼみは、両手を少しふくらませて合わせたような形をしています。つぼみの色は、はじめは緑色ですが、つぼみが大きくなるにしたがってだんだん色づいていきます。チューリップの花びらは6枚に見えますが、本当の花びらは3枚で、残りの3枚は「がく」なのです。カップのような形のチューリップの花を上から見たとき、内側についている3枚が花びらで、外側についている3枚が花びらです。花の中心には6本のおしべと1本のめしべがあります。

アジサイのつぼみは、小さな丸い形のものが枝の先にたくさん集まっています。このような花を集合花といいます。アジサイの花びらに見えているものは、実はすべて「がく」なのです。花びらに見える4～5枚の「がく」の中心に、とても小さな本当の花があります。丸く小さなつぼみは、「がく」がほどけるように少しずつ開きます。開いていく途中で徐々に成長して大きくなり、さらに色もついていきます。アジサイの花びらは4～5枚で、おしべは約10本、めしべは3～4本です。

見なれていると思っている学校のまわりや庭や公園の花も、つぼみをよく見てみると新しい発見があります。つぼみから花が咲くまでを観察してみましょう。

つぼみの ずかんシリーズ　全3巻

稲垣栄洋　監修

さまざまな花のつぼみと花が開くようすを写真で紹介した図鑑シリーズ。花に比べて目立ちにくいつぼみですが、よく観察してみると、花に色や形がいろいろあるように、つぼみも花ごとに違います。つぼみの形や開いて花になるようすなど、つぼみから咲くまでの過程を観察することで新しい発見や観察眼を養うことにつながります。

がっこうのまわりの はな

第1巻

ソフトクリームみたいな形のアサガオのつぼみ、両手を合わせたようなチューリップのつぼみ、小さな丸い形が集まったアジサイのつぼみなど、学校のまわりや庭や公園でよく見かける花を紹介。学校や家で栽培されていて観察しやすい花を多く掲載しています。

アサガオ／パンジー／スズラン／チューリップ／スイセン／サクラ／アジサイ／オシロイバナ／ヒマワリ／ルピナス／コスモス／シクラメン

のやまの はな

第2巻

風船のようにふくらんだキキョウのつぼみ、真ん中でたたまれて細長い形のカラスノエンドウのつぼみ、うろこのように重なった総苞に包まれたノアザミのつぼみなど、野山に咲く花を紹介。郊外での散策やハイキングなどの際に見られる花を多く掲載しています。

キキョウ／タンポポ／オオイヌノフグリ／カラスノエンドウ／ハルジオン／ノアザミ／カワラナデシコ／ネジバナ／ヤマユリ／クズ／リンドウ／ヒガンバナ

みずべの はな

第3巻

花びらが何枚も重なったハスのつぼみ、つんと先がとがったカキツバタのつぼみ、ブドウのように丸いつぼみがたくさんついたサガリバナのつぼみなど、川や海などの水辺に咲く花を紹介。学校のまわりや野山に咲く花とは少し異なる特徴の花を掲載しています。

ハス／ワサビ／カキツバタ／ミズバショウ／リュウキンカ／オランダガラシ／サギソウ／バイカモ／サガリバナ／ハマボウフウ／ハマヒルガオ／ハマボウ

■編集スタッフ

編集	室橋織江
文	栗栖美樹
装丁・デザイン	鷹觜麻衣子
写真	PIXTA
	フォトライブラリー
	アマナイメージズ

よりよい本づくりをめざして

お客さまのご意見・ご感想をうかがいたく、読者アンケートにご協力ください。

アンケートはこちら！⬇

つぼみの ずかん
がっこうのまわりの はな

初版発行　2024年2月　　第4刷発行　2024年10月

監修	稲垣栄洋
発行所	株式会社 金の星社
	〒111-0056　東京都台東区小島1-4-3
	TEL 03-3861-1861（代表）　FAX 03-3861-1507
	振替 00100-0-64678　ホームページ https://www.kinnohoshi.co.jp
印刷	株式会社 広済堂ネクスト
製本	株式会社 難波製本

NDC479　32ページ　26.6cm　ISBN978-4-323-04193-3
©Orie Murohashi, 2024　Published by KIN-NO-HOSHI SHA, Tokyo, Japan
■乱丁落丁本は、ご面倒ですが小社販売部宛ご送付下さい。送料小社負担にてお取替えいたします。

はなが　さく　じき

ねじばな
5～8がつ（②かん）

はまぼうふう
6～7がつ（③かん）

ばいかも
6～8がつ（③かん）

さがりばな
6～8がつ（③かん）

やまゆり
7～8がつ（②かん）

さぎそう
7～8がつ（③かん）

はす
7～8がつ（③かん）

はまぼう
7～8がつ（③かん）

あさがお
7～9がつ（①かん）

①かん『がっこうのまわりの はな』　②かん『のやまの はな』　③かん『みずべの はな』